KJEMISKE ELEMENTS
Det periodiske system

De nesten uendelig gjenstander og materialer rundt oss er faktisk består av kun et begrenset antall kjemiske elementer . Vi vet i dag at 91 finnes naturlig på jorda . De begynner med hydrogen som ble dannet kort tid etter at universet oppsto. Den andre 90 ble foretatt enten ved kjernereaksjoner som finner sted i kjernen av brenn stjerner eller ved de katastrofale eksplosjoner supernovas som ofte produseres ved stjernene dør. Flere av flere elementer er laget kunstig i laboratoriene.

Hvert element oppfører seg annerledes og har forskjellige egenskaper fra alle de andre. Et system for å organisere informasjon om de kjemiske egenskapene til elementene og de kjemiske forbindelser de danner er viktig . Den moderne periodiske system er i hovedsak basert på arbeidet til den russiske kjemikeren Dmitrij Mendelejev der tabellen publisert i 1869 plassert elementene i de vannrette radene i henhold til vekten sin med en rad under den andre , slik at alle elementer med lignende egenskaper falt i vertikale kolonner . I det 20. århundre med kunnskap om strukturen av atomet , var den riktige måten å bestille elementene oppdaget og nåtid periodiske tabellen ble formulert .

Atomer bestående av protoner , nøytroner og elektroner er grunnleggende komponenter i elementene. Norsk fysiker Henry Moseley viste at det som bestemmer virkemåten av hvert element er dets atomnummer , antall protoner i kjernen , ikke dens atomvekt , som er et mål for det totale antall protoner og nøytroner i kjernen . Den riktige måte å bestille de elementer i det periodiske system var derfor ved deres atomnummer . Selv om de atomer av et gitt element har samme antall protoner de kan ha forskjellig antall nøytroner. Disse kalles isotoper og deres eksistens forklarer hvorfor atomvekt er en upålitelig indikator på posisjonen til et element i det periodiske system.

Elementene er arrangert i rekkefølge etter deres atom-tall i rader som kalles perioder. Flytting fra venstre til høyre over en periode , det er overgang av elementer som er metaller til de som er ikke-metaller . De vertikale kolonnene i det periodiske system , kalles grupper . Samtlige elementer i en gruppe har lignende kjemiske egenskaper og er noen ganger referert til som familier av elementer.

HVORFOR elementer innen gruppe har lignende kjemisk Adferd

Den atomnummeret bestemmer hvor mange negativt ladede elektroner befinner seg i de atomer av en bestemt element , og det er strukturen av de elektroner som kretser rundt kjernen som bestemmer hvordan elementer reagerer med hverandre. Denne fordelingen av elektroner i valensen eller ytre skall av atomet er utsatt for andre atomer når de reagerer . Elementer som valens skjell er helt full er ekstremt stabil og ser ut til å reagere med nesten ingenting annet . De med ufullstendig skall vil ha en tendens til å reagere med andre atomer på en måte som vil fullføre disse skjell. Atomer med samme valens - shell konfigurasjon har lignende kjemiske egenskaper . Elementer i den samme gruppe i det periodiske system, har den samme antall valenselektroner .

Den periodiske tabell , og er et kart over hvordan elektroner ordner seg i de atomer av en bestemt element. Evnen til å forutsi den kjemiske oppførsel av et element basert på rad og kolonne i hvilken det er funnet gjør det periodiske system, et uvurderlig referanseverktøy for utøvere av vitenskap.

HYDROGEN
Atomnummer : 1
Kjemisk Symbol : H
Gruppe : 1A

Hydrogen består av intet mer enn en enkelt proton , som fungerer som dens kjerne, omringet av et enkelt elektron . Sin enkelhet bidrar til å forklare hvorfor det er langt den mest tallrike element , som utgjør 93 % av alle atomer i universet . Hydrogen er en gass som ikke har noen lukt eller smak , er fullstendig fargeløs og ekstremt flammable.The kombinasjonen av hydrogen med oksygen produserer sin mest vanlige forbindelse , er water.Hydrogen også inneholdt i organiske forbindelser , biologiske forbindelser som er tilstede i levende organismer , i parfymer , fargestoffer, plantevernmidler , DNAS og proteiner ! Listen fortsetter og fortsetter !

HELIUM
Atomnummer : 2
Kjemisk Symbol : Han
Gruppe VIII A- De edelgasser

Som alle edelgasser , er helium fargeløs og odourless.Together hydrogen og helium danne en forbløffende 99,9% av elementer i universet. Navnet kommer fra det greske ' Helios' som betyr ' sol ' . Helium fra solen er produsert ved fusjon av hydrogen . Denne reaksjonen leverer den energien som sola stråler ut i verdensrommet . Helium har en lav tetthet og er derfor nyttig i luftskip og leketøysballongerfor dens oppdrift i air.Astrnomers bruke ekstremt kald væske fra av helium for å fjerne termisk "støy" slik at det er enklere og mer pålitelig til å motta data fra fjerne galakser .

LITHIUM
Atomnummer : 3
Kjemisk Symbol : Li
Gruppe IA - alkalimetaller

Metallet litium er ekstremt reaktivt og kombinerer med aluminium for å danne lav tetthet, strukturelt sterk legering som brukes i fly og romskip. Det er også brukt som en positiv terminal eller anode i små batterier som brukes i kameraer, pacemakere og kalkulatorer . Litiumhydroksid er en svært effektiv luftrenser. Det absorberer CO2 fra luften og danner litiumkarbonat . Litium har den høyeste varmekapasiteten til en hvilken som helst element. Denne egenskapen gjør den ideell varmeoverføring materiale og det blir brukt i

eksperimentelle kjernefysiske reaktorer for å absorbere varmen som produseres av fisjonerer uran .
I medisin litiumkarbonat og litium citrate er kjent som svært effektive stemningsstabiliserende i manisk - depressiv sykdom .

BERYLLIUM
Atomnummer : 4
Kjemisk Symbol : Vær
Gruppe IIA - jordalkalimetaller

I sin rene form , er beryllium en lys , ganske hardt , grå - hvitt metall . I likhet med alle metaller som utgjør jordalkalimetall -gruppen , er det altfor kjemisk reaktive som befinner seg i sin frie tilstand. Forekomster av mineralet beryllium fordeles over Brasil , Argentina og USA . Krystaller av beryllium er kjent for sine utsøkte utseende . Både smaragd og akvamarin er naturlig forekommende dyrebare former av dette mineralet . Beryllium spilte en sentral rolle i oppdagelsen av nøytronet i 1932 og er fortsatt nyttig i forskning på atomkjernene .

BORON
Atomnummer : 5
Kjemisk Symbol : B
Gruppe III A

Bor er et hardt , sprøtt, ikke-metallisk element. Det er vanligvis bundet med oksygen, vann og natrium i en forbindelse som kalles boraks som er brukt som et rensemiddel og vann mykner . Når vannet er myknet , er magnesium og kalsium erstattes med relativt ufarlig natrium og kalium . En annen borforbindelse er borsyre aced brukes industrielt for å gjøre Pyrex , en spesiell varmebestandig glass brukes i kjøkken . Boron ' stenger ' er avgjørende i utnyttelsen av atomreaktorer. De kan bli senket inn i en reaktor for å absorbere nøytroner og dermed kontrollere strømmen blir produsert av reaktoren.

CARBON
Atomnummer : 6
Kjemisk symbol : C
Gruppe IV A

Karbon utgjør bare 0,09 % av jordskorpen av masse, men det er elementet mest avgjørende for livet på planeten vår . Carbon skylder sin sentrale stilling i den organiske verden til evnen til dets atomer for å koble seg sammen med andre karbonatomer for å danne lange kjeder som er enten rett eller forgrenet . En slik lang lenket molekyl i DNA funnet i det genetiske materialet i alle levende skapninger . Elements kan eksistere i flere naturlige former som kalles allotropes . Karbon er funnet i den allotrope former av grafitt , kull og mest spectacularly diamant.

NITROGEN
Atomnummer : 7
Kjemisk symbol : N
Gruppe V A

Nitrogen mangler noen følelse stimulering eiendom, og vi er hele tiden puster inn store mengder som vi puster inn luft. Det dominerer gassene i jordens atmosfære som utgjør en 78 volum-%. Nitrogen danner hundretusener av forbindelser som er avgjørende for landbruk og industri den viktigste av dem er ammoniakk . I sin gassform , er nitrogen som ofte brukes i situasjoner der det er viktig å holde andre, mer reaktive atmosfæriske gasser unna. For eksempel, for å forhindre oksidasjon av vin, vinflasker er ofte fylt med nitrogen etter at korken er tatt ut.

OXYGEN
Atomnummer : 8
Kjemisk symbol : O
Gruppe VI A

Oksygen finnes i atmosfæren i vann , og i jordskorpa i et enormt utvalg av bergarter og mineraler . Det er viktig for livet og en del av enhver biologisk molekyl i kroppen vår . Selv om mange naturlige prosesser forbruker oksygen , blir det stadig etterfylles gjennom fotosyntese og dermed stadig forbrukes og stadig blir produsert . Den engelske kjemikeren Joseph Priestley er kreditert med oppdagelsen av oksygen . Han varmet et oksid av kvikksølv og bemerket at den gassen vi ga av forårsaket lyset å brenne med en bemerkelsesverdig strålende flamme . Gassen var oksygen !

fluor
Atomnummer : 9
Kjemisk symbol : F

Gruppe VII A- halogener
Fluor er den minste , letteste og mest reaktive halogen . Alle atomer i denne gruppe lett kombinere med metaller for å danne salter. I mange deler av verden natriumfluorid er lagt til offentlig vannforsyning . Forskning har vist at små mengder av fluor kan forsinke utviklingen av kaviteter i tenner. I nærvær av hydrogen, fluor brenner med eksplosiv kraft produksjon av hydrogen -fluorid som når den oppløses i vann danner hydrofluorsyre. Det er ekstremt farlig . Men , er det brukt til å løse opp glass og brukes til å etse design på glassgjenstander .

NEON
Atomnummer : 10
Kjemisk symbol : Ne

Gruppe VIII A- edelgassene

Neon som alle edelgasser er monoatomic . Det velkjente neonskilt i utstillingsvinduet og
restaurant vinduene inneholder neon gass som lyser når det er strømførende ved en
elektrisk utladning . Når dette skjer, neonatomer i gassen avgir stråling i form av orange
-røde lys. Forskjellige gasser brukes til å produsere tegn på forskjellige colurs . Hver
gass når eksitert utstråler sin egen karakteristiske farge. Kommersiell neon produseres i
luft - kondenseringsanlegg . Fordi neon har et kokepunkt på -229 grader Celsius , det
gjenstår som en rest etter mer flyktig nitrogen og oksygen har kokt av !

SODIUM
Atomnummer : 11
Kjemisk symbol : Na
Gruppe IA - alkalimetaller

Natrium er en ekstremt reaktivt lyse sølvaktig metall lys nok til å flyte på vann og myk
nok til å bli kuttet med kniv . Det er en del av mange viktige forbindelser som er funnet
utbredt over hele jorden. Natriumklorid , det kjemiske navnet for bordsalt er minelagt i
store mengder fra naturlige saltavleiringer . Natriumbikarbonat vanligvis kjent som
natron brukes til å lage bakevarer stige ved oppvarming, eller deigen stiger når bakt .
Det er også brukt til å nøytralisere overdreven mage surhet og som agent i
brannslukkingsapparater .

MAGNESIUM
Atomic Antall : 12
Kjemisk symbol : Mg
Gruppe II A- jordalkalimetaller

Magnesium finnes i så store mengder i sjøvann at verdenshavene inneholder en nesten
ubegrenset tilførsel av oppløst materiale. Dens store fordel er at det er veldig lett noe
som også gjør den ideell for fabrikkere bil og flydeler , elektroverktøy, gressklipper hus
og racingsykler. Magnesium er også viktig for riktig ernæring hos mennesker fordi det er
avgjørende for riktig funksjon av flere enzymer . Det spiller også en avgjørende rolle i
make -up av de grønne Klorofyll stede i alle grønne planteceller .

ALUMINIUM
Atomnummer : 13
Kjemisk symbol : Al
Gruppe III A

Vanligvis finnes i naturen i kombinasjon med oksygen, er aluminium det mest tallrike
metall i jordskorpen. Den er lett og god leder av elektrisitet , to egenskaper som gjør det
til et ideelt ingrediens for et bredt spekter av produkter . Det er en utmerket reflektor av

stråling og brukes til ulike typer antenner , varme reflektorer, og solspeil . Utover disse andre egenskaper, er aluminium ganske reaktivt . Den danner et oksidlag som hindrer den i videre reaksjoner med omgivelsene , slik at det vanligvis er betraktet som korrosjonsbestandig . Aluminium er også ikke- giftig, luktfri og smakløs .

SILICON
Atomnummer : 14
Kjemisk Symbol : Si
Gruppe IV A

Forbindelser av silisium kjemisk bundet til oksygen utgjør mesteparten av jordens sand, stein og jord . I dag silisium danner grunnlaget for mikroelektronikk industrien . Bruken av silisium sjetonger i kretskort har gjort det mulig krympende rom størrelse datamaskiner til de som kan hvile på fanget. Den viktigste silisiumforbindelse er silika som finnes i to former - kvarts og flint. Små perler og halvedelstener er krystaller av kvarts med fargede urenheter . Silika er brukt i produksjon av glasset. Keramikk og silikoner er andre viktige klasser av forbindelser basert på silisium .

PHOSPHORUS
Atomnummer : 15
Kjemisk symbol : P
Gruppe VA

Fosfor ble oppdaget av lege Hennig Brand i 1669 . Han destillert rester fra kokt ned urin og fått noe som glødet i mørket og brast i flammer i varm luft. Fosfor og lys utslipp er fortsatt knyttet sammen i fenomenet kjent som morild . Sink sulfid er fosforiser materiale som avgir scintillations av lys når truffet av rask bevegelse elektroner . Denne virkning på belegg av fjernsynsrøretproduserer TV- bildet. Nesten alle fosfor som benyttes kommersielt er å gjøre fosforsyre. Den store bruken er i produksjon av gjødsel - jord uten fosfor er ufruktbar . Vanligvis finnes i to former dvs. røde og gule , er den tidligere brukt til å lage fyrstikker .

SVOVEL
Atomnummer : 16
Kjemisk symbol : S
Gruppe VI A

Svovel er et reaktivt ikke- metall som finnes i naturen både i sin frie elementær tilstand og i form av utbredte malmer og mineraler. Noen vanlige mineraler av Sulphur er gips dvs. kalsium sulfat og svovelkis ofte kjent som " fool gull" . I tillegg til sin betydning i å lage kunstgjødsel , bevare mat , bleking tekstiler og rengjøring metaller , Svovelforbindelser har hundrevis av andre bruksområder i å utvinne metaller fra malm , noe som gjør gummi, vaskemidler , maling og fargestoffer og syntetiske fibre . Faktisk en nasjons nivå av industriell utvikling bestemmes av dens per capita forbruket av Sulphur .

KLOR
Atomnummer : 17
Kjemisk symbol : Cl
Gruppe VII A- halogener

Klor er en giftig gulgrønt diatomic gass . Inhalering selv en liten mengde kan forårsake alvorlig lungeskade . Giftigheten av chorine gjør det til et utmerket desinfeksjonsmiddel for svømmebassenger og vannforsyninger . En viktig forbindelse av klor er hydrogen - klorid , en gass som oppløses i vann til å produsere saltsyre . Saltsyre er til stede i mage- saften av magesekken , hvor det er nødvendig for å aktivere protein bearbeider enzymer. Store mengder klor har blitt brukt til å produsere insektmidler . Mange har nylig blitt utestengt fordi de regnes som miljøforurensninger .

ARGON
Atomnummer : 18
Kjemisk symbol : Ar
Gruppe VIII A- edelgassene

I 1894 ble den første argon edelgass for å bli oppdaget. De kommersielle applikasjoner å gjøre bruk av dens mangel på reaktivitet. Argon er forfallet produkt av en viktig radio - isotop som brukes for sex steinprøver , er kalium - 40.The teknikk kalt kalium - argon dating. Kalium har en uvanlig lang halveringstid på 1,25 milliarder år , og er til stede i mange steiner . Når kalium 40 henfaller , forvandler det seg til argon . Følgelig kan man bestemme en alder av en bergart ved å bestemme hvor mye argon er til stede. De eldste bergartene på jorden har blitt bestemt av denne metoden for 3,8 milliarder år gammel .

KALIUM
Atomnummer : 19
Kjemisk Symbol : K
Gruppe IA alkalimetaller

Kalium er ekstremt reaktivt derav er aldri funnet i sin frie tilstand i naturen. Den finnes i sjø - vann , men i mindre mengder enn natrium, dens kjemiske ekvivalent . Kalium er essensielt for plantevekst så mye av kalium på oppløste mineraler blir tatt opp av plantene før den når sjøen. En naturlig forekommende isotop av kalium er potssium - 40.Human kroppen inneholder 140 gram kalium . Siden den overflod av kalium - 40 er 0.012 prosent , er vi alle delvis består av dette reaktiv isotopen . Det er en stor bidragsyter til vår levetid stråledose

KALSIUM
Atomnummer : 20
Kjemisk Symbol : Ca
Gruppe II A- alkali- jordmetaller

Kalsium er en viktig bestanddel for et bredt spekter av levende organismer. Menneske
tenner og bein inneholder kalsium og marine organer bygge skall av kalsiumkarbonat .
Kalk, en forbindelse av kalsium er en viktig industriell kjemisk . En av de tidlige
bruksområder var i teatralsk lyssetting . Da kalk er oppvarmet til en høy temperatur, gir
det en intens blå- hvitt lys. Den ble brukt i begynnelsen av det 19. århundre for å belyse
skuespillere som gir opphav til uttrykket "i rampelyset . ' Den kanskje viktigste moderne
bruk av kalk er i produksjon av jern fra dens malm.

scandium
Atomnummer : 21
Kjemisk Symbol : Sc
Gruppe III B First Row Transition Element

Scandium leder den første rad overgang elementer . Alle er ganske ureaktive metaller
og mange er ekstremt farlig . Scandium er en meget lav vekt av metall med forholdsvis
høyt smeltepunkt og viser god motstand mot korrosjon. Disse egenskapene har gjort
det av stor interesse for romfartsindustrien for bygging av et fly. Scandium danner par
nyttige forbindelser . Metallet selv har funnet noen bruk i elektroniske enheter som høy
intensitet lamper som produserer lys med en farge verdi nær det av naturlig sollys .
Lamper av denne typen er ofte brukt til å belyse fotballstadioner .

TITANIUM
Atomnummer : 22
Kjemisk symbol : Ti
Gruppe IV B First Row overgang Element

Titan i ren tilstand er et metall som er lett å bearbeide og ganske duktilt eller i stand til å
bli trukket inn i ledningen . Til tross for den lave vekten , er det usedvanlig sterk og
nesten immune mot vanlige typer metalltretthet . Den har også en ekstraordinær
motstand mot korrosjon , slik at den har hver egenskap som trengs for å gjøre det til et
ideelt materiale for jetmotorer og raketter . Den viktigste forbindelse er titandioksid et
stoff med intens strålende hvite fargen som brukes som et pigment for maling , papir og
plast.

VANADIUM
Atomnummer : 23
Kjemisk symbol : V

Gruppe VB First Row Transition Element

Vanadium er et lyst skinnende metall som er forholdsvis mykt og meget motstandsdyktig mot korrosjon. En meksikansk professor i mineralogi nemlig Andres Manuel del Rio oppdaget vanadium i 1801 . Det ble senere oppkalt etter den skandinaviske gudinnen Vanadis på grunn av sine mange vakkert fargede forbindelser . Omtrent 80 % av det vanadium som produseres i USA går inn ved fremstilling av stål.

KROM
Atonic nummer : 24
Kjemisk Symbol : Cr
Gruppe VI B First Row Transition Element

Chromium ble navngitt fra det greske ordet " chroma " betyr farge . Den vakre farge av mange dyre edelstener - rødt av rubiner , den karakteristiske grønne emeralds - er på grunn av nærvær av spormengde av krom . Metallet blir vanligvis utvunnet fra kromitt , et oksyd av krom som er den viktigste malm . Når de utsettes for luft , danner en usynlig krom -oksyd som gjør det ekstremt motstandsdyktige mot korrosjon og svært nyttig både som et dekorativt og beskyttende belegg over andre metaller slik som messing, bronse og stål. Krom benyttes også til å produsere rustfritt stål.

mangan
Atomnummer : 25
Kjemisk symbol : Mn
Gruppe VII B First Row Transition Element

Mangan er en hard grå- hvitt metall som ser ut som og har mange egenskaper som ligner på jern. Legge mangan til stål gjør det er usedvanlig vanskelig og motstandsdyktig mot støt. Slikt stål er ideelt for bruk i geværmunninger , bankhvelv, jernbanespor og jord i bevegelse utstyr . Mangan gir også hardhet, styrke og korrosjonsmotstandsdyktighettil legeringer av aluminium og magnesium. Den sammensatte kaliumpermanganat har en lilla farge som er noen ganger sett i antikk glass . Selv glass produsenter ikke lenger bruke mangan , er dens evne til å farge gjenstander brukes til å lyse keramikk og keramikk .

IRON
Atomnummer : 26
Kjemisk symbol : Fe
Gruppe VIII B First Row Transition Element

Jern er sannsynligvis den mest vanlige metall i det menneskelige samfunn. Enten vi bruker en skrutrekker eller ri en bil eller et tog , viktigheten og nytten av jern som konstruksjonsmateriale er innlysende . Det indre av jorden som kalles kjernen er laget av smeltet jern . Muligheten til å avgrense metallet fungert som en viktig milepæl i menneskelig utvikling kjent som jernalderen (1000 f.Kr.) . Dens oppdagelse fører til redskaper og våpen som var hardere og mer slitesterk enn de av bronsealderen . I dag mer enn 90 % av alle metaller raffinert er jern .

KOBOLT
Atomnummer : 27
Kjemisk symbol : Co
Gruppe VIII B First Row Transition Element

En stor malm av kobolt er cobaltite . Det rene metall oppnås ved steking av denne malm . Navnet kobolt kommer fra det tyske " kobold ' som refererer til en ond ånd . Miners ofte sagt at ulykker i sinnet skyldtes " kobold ' . Kobolt tilsettes til stål for å forbedre dets motstand mot korrosjon. Når kobolt er blandet med tungsten og kobber , danner det Stel , et metall som beholder sin hardhet ved høye temperaturer gjør det ideelt for høy hastighet øvelser og skjæreinstrumenter. Som jern kobolt er lett magnetisert. Den kraftige magnetiske stoff som kalles alnico er en legering av kobolt, aluminium og nikkel.

NICKEL
Atomnummer : 28
Kjemisk symbol : Ni
Gruppe VIII B First Row Transition Element

Nikkel blir ofte tilsatt til andre metaller som jern og stål, for å danne legeringer er motstandsdyktige mot oksydasjon. Nikrom metallet som brukes til å lage varme-elementene i brødristere og elektriske ovner er en legering av krom og nikkel. Den høye elektriske motstand av nikrom , kombinert med dens høye smeltepunkt gjør det til et meget effektivt materiale for å konvertere strøm til varme. En viktig bruk av metallet er i nikkel -kadmium-batterier . Dette batteriet er oppladbart som gjør det spesielt nyttig i kalkulatorer , datamaskiner og trådløse barbermaskiner .

KOBBER
Atomnummer : 29
Kjemisk symbol : Cu
Gruppe IB First Row Transition Element

En kjent bruk av vann er i rørene som frakter vannet inn på kjøkkenet . For kobber er blant de beste ledere av elektrisitet , er kobbertråder mye brukt til å overføre elektrisk energi fra kraft -stasjoner for å hjem, kontorer , fabrikker og andre bygninger og ut av vegguttaket til elektriske apparater. Kobber ble en gang brukt til å lage knapper for uniformsjakker for politimenn derav dagligdags ' kobber ' for politiet . Messing , og har en legering av kobber og sink en lang rekke anvendelser fra hardware til sink.

ZINC
Atomnummer : 30
Kjemisk symbol : Zn
Gruppe I B First Row Transition Element

I sin rene form , er sink et hardt , sprøtt , sølvaktig metall . Det er forholdsvis motstandsdyktig mot korrosjon og raskt danner et hardt oksid belegg som hindrer den i å reagere videre med luften. I prosessen kalles galvanisering , er et lag av sink belagt stål i løpet for å forhindre korrosjon. Metallet har mange andre bruksområder. En av de viktigste er i vanlig tørrcellebatteri. Siden 1981 sink har fungert som sjef metall i amerikansk penny . Sink er også kombinert med kobber for å danne messing .

GALLIUM
Atomnummer : 31
Kjemisk symbol : Ga
Gruppe III A Post Transition Metal

Gallium er et meget mykt metall med et svært lavt smeltepunkt , og et ekstremt høyt kokepunkt av 2403 grader Celsius. Det område av temperaturer ved hvilken gallium er flytende er det største av hvilken som helst kjent metall. Dette gjør det nyttig for spesiell høy grad termometre. Inntil nylig noen praktiske anvendelser av gallium ble kjent . Dette forandret seg raskt med oppdagelsen at galliumarsenid kan fungere som en laserdiode , og å konvertere strøm direkte inn laserlys. Lysdioder er brukt i en rekke klokker og AUTODISC spillere .

germanium
Atomnummer : 32
Kjemisk symbol : Ge
Gruppe IV A Metalloid

Germanium er et relativt sjeldent mørkegrått fast stoff element. Det er aldri funnet i ren form i naturen, men i kombinasjon med oksygen. Germanium kalles en semi -conductor . Tilsetningen av små mengder av urenheter i stor grad øker dets evne til å lede elektrisitet . ' Doped ' germanium brukes til å lage transistorer som er kjernen i fast tilstand elektronikkindustrien. Med doping titusenvis av transistorer nå kan bli dannet på en liten germanium brikke som i praksis blir en liten datamaskin . Slike materialer har gjort mulig revolusjonen i elektronikk miniatyrisering .

ARSENIC
Atomnummer : 33
Kjemisk symbol : Som
Gruppe VA Metalloid

Arsen er et sprøtt , krystallinsk fast stoff ved romtemperatur . I form av arsenious oksid er det en kjent gift. Den brukes som et ugress drapsmann og insektmiddel . Arsen som gift har fanget fantasien til mange en krimforfatter . Før siste fremskritt innen rettsmedisinske teknikker , var det umulig å oppdage i offerets kropp . Selv om en gift , har arsenforbindelser blitt brukt til medisinske formål også , den mest kjente er '606 ' utviklet av Paul Ehrlich som en kur for syfilis .

SELENIUM
Atomnummer : 34
Kjemisk symbol : Se
Gruppe VI A Metalloid

Selen bærende mineraler er for knappe til å være minelagt lønnsomt . Fordi metalloid er funnet i firma av kobber og svovel , er nesten all selen gjenvinnes som et bye- produkt av kobber raffinering og produksjon av svovelsyre . Selen finnes i to former - røde og grå . Gray selen er en foto betyr at selv en dårlig leder av elektrisitet vanligvis , blir det og utmerket leder i nærvær av lys . Dette gjør selen verdifull som en lyssensor i robotikk og lys meter .

BROM
Atomnummer : 35
Kjemisk symbol : Br
Gruppe VII En halogener

Brom er en rødlig væske med en skarp lukt . Navnet er avledet fra det greske bromos betyr stank . Brom kan finnes i sjøvann , underjordiske saltgruver , og dype saltlake brønner . En viktig bruk av brom i fremstilling av et bensin- additiv som kalles etylen- dibromid . Denne forbindelse fjerner bly additiver etter forbrenningen av bensin- hindre dannelsen av bly avleiringer . Brom er ekstremt giftige og brenner huden. Videre sine giftige damper kan skade nese og svelg .

KRYPTON
Atomnummer : 36
Kjemisk symbol : Kr
Gruppe VIII A edelgassene

I 1933 Linus Pauling utfordret ideen om at edelgassene var kjemisk inert . Eksistensen av forbindelsen han predikert av krypton og fluor ble bekreftet i 1966. Krypton er en luktfri , smakløs , fargeløs helt ufarlig gass . Dens viktigste bruken er i ' neon ' lys som er en del av det moderne landskapet . Når forseglet i et glassrør og utsettes for elektrisk utladning, krypton produserer et blekt fiolett farge som brukes for flyplass -rullebane og tilnærming lys. Krypton brukes også blandet med xenon i høy intensitet , korte eksponeringsfotografiskeflash pærer eller strobelys .

rubidium
Atomnummer : 37
Kjemisk symbol : Rb
Gruppe IA alkalimetaller

Rubidium er et sølvaktig , meget myk svært reaktive metall som forbrenner spontant når de utsettes for luft. Det reagerer også voldsomt med vann gir ut store mengder hydrogen som umiddelbart brister i flammer på grunn av den varme som utvikles ved reaksjonen . Rubidium er altfor reaktive til å eksistere som rent metall i naturen , og mange rubidium bærende mineraler er kjent. Rubidium har liten kommersiell verdi . Metallet ble oppdaget i 1861 av tyske kjemikere Robert Bunsen og Gustav Kirchoff . De identifiserte den ved spektrallinjer som urenhet blant mange alkalimetaller de ble etterforsket .

Strontium
Atomnummer : 38
Kjemisk symbol : Sr
Gruppe IIA jordalkalimetaller

Strontium har liten kommersiell bruk og dets forbindelser har funnet bare begrenset anvendelse i industrien . Siden strontium salter som strontium karbonat avgir en karakteristisk rød farge når de brenner , er de brukt i highway advarsel flares og i fyrverkeri . En av de isotoper av strontium , i Sr-90 en radioaktiv av produkt av kjernefysiske eksplosjoner , og kan forurense store områder av miljøet ved nedfall fra atmosfæren. Siden strontium 90 er produsert når uran gjennomgår fisjon , må operatører av kjernefysiske reaktorer være konstant på vakt for å hindre utilsiktet utslipp i miljøet .

yttrium
Atomnummer : 39
Kjemisk symbol : Y
Gruppe III B Transition Element

Yttrium er funnet i små mengder i jordskorpen , men de stein hentet fra månen hadde en uventet høy yttrium innhold . Når senkes til bare noen få grader over det absolutte nullpunkt deres temperatur, nesten alle metaller viser ingen elektrisk motstand hodet. Ekstremt lave temperaturer er upraktisk likevel . I 1987 forskere kunn oppdagelsen av en forbindelse av yttrium , kobber og barium -oksyd som ble supraledende ved 93 grader Kelvin . Andre blandinger av dette elementet blir etterforsket , og det er optimisme om at en av dem skulle vise seg å være en praktisk høy temperatur superleder .

ZIRCONIUM
Atomnummer : 40
Kjemisk symbol : Zr
Gruppe IV B Transition Element

Zirkonium er et kraftig , slitesterkt metall. Dens evne til å tåle høye temperaturer gjør det til et perfekt ingrediens for varmebestandige materialer i romfartøyet . Den mest kjente sammensatt av Zirkonium er metallet zirkon . Det har vært kjent siden oldtiden, og selv omtalt i Bibelen . Finnes i et bredt utvalg av farger , når krystallen er skåret og polert det regnes som en semi edelt perle. Zirkon har en ekstremt høy brytningsindeks . På grunn av dette , dets fargeløse krystaller som har en usedvanlig glans og blir noen ganger brukt som erstatning for diamanter.

Niobium
Atomnummer : 41
Kjemisk symbol : Nb
Gruppe VB Transition Element

Metallet niob har vært viktig i historien til høy temperatur superledning . En legering bestående av niob -og germanium har evnen til å tåle store strømmer som tillater bygging av superledende magneter for slike instrumenter som nukleær magnetisk resonans skannere som brukes i diagnostisk medisin . Niob er tilsatt til stål for spesielle formål. Ved høye temperaturer grensene mellom de små korn som utgjør rustfritt stål svekke og korrodere lettere enn resten av stålet . Tilsetningen av niob hindrer dette fra å skje slik at stål, for å motstå langt høyere temperaturer i henhold til ekstreme påkjenninger .

MOLYBDENUM
Atomnummer : 42
Kjemisk symbol : Mb
Gruppe VI B Transition Element

Molybden er et hardt sølvmetall. Ganske store forekomster av molybdenite er funnet i Colorado , USA. Stål som inneholder molybden er godt egnet for fly og bil motordeler . Det er i stand til å motstå temperatur-og trykkendringerstadig finner sted i en motor. Av samme grunn er det brukt i produksjon av våpen og kanoner . En av de radioaktive isotoper , er molybden -99 som brukes i sykehus for å generere technetium -99 , som er meget nyttig for å ta bilder av indre organer etter at de er tatt internt .

technetium

Atomnummer : 43

Kjemisk symbol : Tc

Gruppe VII B Transition Element

Technetium var det første elementet til å bli produsert i laboratorium fra en annen element.Logically det tar sitt navn fra det greske teknetos betyr kunstig . Hver isotop er radioaktivt , og nedbrytes for å danne en isotop av et annet element. Dag kjernereaktorer produsere en av de mest nyttige isotoper av technetium , technetium- 99m . Når det i sprøytet inn i blodårene til en pasient , vil isotopen konsentrere seg i visse kroppens organer og dens radioaktivitet vil utsette en fotografisk plate avsløre hvordan disse organene fungerer .

ruthenium

Atomnummer : 44

Kjemisk symbol : Ru

Gruppe VIII B Transition Element

Ruthenium er et sjeldent element som vanligvis utvinnes som et biprodukt fra raffinering av platinaholdig malm . Hovedsakelig ruthenium anvendes som en katalysator for industrielle prosesser. Det har vært brukt som en katalysator i å skaffe hydrogengass direkte spalting av vann -molekyler snarere enn av electrolysis.Rutheniumis også brukes i smykke virksomhet som et herdetilsetningsmiddeltil platina , og er ofte tilsatt titan for å forbedre dets motstand mot korrosjon. Andre legeringer av ruthenium anvendes i fyllepenn punkter og spesielle elektriske kontakter.

rhodium

Atomnummer : 45

Kjemisk symbol : Rh

Gruppe VIII B Transition Element

Rhodium er et sjeldent , ekstremt vanskelig sølvgrått metall . Den ble oppdaget av William Wollaston i 1803 . Han kalte den opp etter det greske ordet rhodon for rose fordi mange av salter har rose farge . Den brukes i katalytiske omformere for biler. Avgassene er en viktig kilde til luftforurensing . Den katalytiske omformer er fylt med små perler som inneholder katalytiske platina, palladium og rhodium som konverterer varme eksosgasser som passerer gjennom dem til ufarlige produkter.

PALLADIUM

Atomnummer : 46

Kjemisk symbol : Pd

Gruppe VIII B Transition Element

Palladium er et mykt sølvhvitt metall som ligner platina . Det er ekstremt formbare og formbart. En interessant bruk av palladium fremkom når det ble serendipitously fastslått at det var nyttige for behandling av kreft ved å inhibere celledeling , og var forholdsvis fri for bivirkninger . Med en halveringstid på bare 17 dager , kan det palladium103 isotopen levere kraftige doser av stråling for å ødelegge kreft og deretter forsvinner etter litt mer enn en måned .

SILVER

Atomnummer : 47

Kjemisk symbol : Ag

Gruppe IB Transition Element (mynter Metal)

Sølv er et av de få metaller som finnes i fri tilstand i naturen og dets symbol Ag kommer fra latinske ordet argentum som betyr sølv. Det har vært en mynter metall siden bibelske tider kanskje enda tidligere . Av alle metaller , er sølv det beste leder av varme og elektrisitet . Det er vanligvis ikke brukes i hjem ledningsnett på grunn av utgifter, men mye brukt i produksjon av høy kvalitet elektronisk utstyr .

kADMIUM

Atomnummer : 48

Kjemisk symbol : Cd

Gruppe II B Transition Element

Kadmium er til stede i slike store mengder av sinkholdig malm som det er generelt betraktet et biprodukt av sink raffinering. Den store bruken av metallet er i galvanisering av stål for å hindre den fra korrosjon. Den brukes sjeldnere enn sink , fordi det er mindre rikelig og har en tilbøyelighet til å forårsake helseproblemer. Muligheten av kadmium til å absorbere nøytronene er av stor betydning i utformingen av kjernefysiske reaktoren kontrollstaver . Kadmium er også brukt som et rødt og gult pigment i å lage maling .

indium

Atomnummer : 49

Kjemisk symbol : I

Gruppe III A Post overgang metall

Indium er et sjeldent blålig hvitt metall myk nok til å sette spor etter seg når kraftig gnidd mot andre metaller . Pure indium har få kommersielle programmer , og det er i hovedsak brukt som en legering med andre metaller . Legeringer av indium og sølv og indium og bly er bedre ledere enn sølv eller føre alene . De har også funnet bruker i produksjon av transistorer og fotoceller . Indium folier er ofte satt inn i kjernefysiske reaktorer for å kontrollere kjernereaksjonen . Den hastigheten som disse folier blir radioaktivt tjener som en verdifull måling av reaksjonene som finner sted .

TIN

Atomnummer : 50

Kjemisk symbol : Sn

Gruppe IV A Post Transition Metal

Tinn var blant de første metallene som brukes av mennesker . Bronse, en legering av kobber og tinn ble brukt i Egypt mer enn 5000 år siden. I dag er det i hovedsak brukt som et legeringsmiddel, og for å gjøre blikkplatesom er stålplater dekket med et tynt lag av tinn. Fordi tinn beskytter stål fra mat syrer , ble blikkplatebrukt til å lage blikkbokser for mat, men har nå i stor grad erstattet av plast og aluminium . Det er en av de formbare metaller er kjent .

ANTIMONY

Atomnummer : 51

Kjemisk symbol : Sb

Gruppe VA Metalloid

Antimon er et hardt , sprøtt , krystallinsk , grå , solid . Selv kjent som et metall , er det en veldig dårlig leder av elektrisitet . Malmen som fungerer som den primære kilde er det mineralet stibnite . En svart sammensatte, ble det brukt i antikken å mørkne kvinners øyebryn . En viktig anvendelse for antimon er vanlig sikkerhets kamp. Lederen for fyrstikk inneholder en blanding av antimon trisulfid , og et oksidasjonsmiddel slik som kaliumklorat . Antimon har noen andre kommersielle bruksområder . Som en legering det kan øke hardheten av mange metaller .

tellur

Atomnummer : 52

Kjemisk symbol : Te

Gruppe VI A Metalloid

Tellur er en sjelden sølvhvitemetalloid . I motsetning til typiske metaller , er det sprøtt og en dårlig leder av elektrisitet . Tellur er en av de få elementer som kombinerer med gull. Forbindelsene det ble kallt gull tellurides og de utgjør en svært viktig del av gullførende malm . Tellur er ofte utvunnet som et biprodukt i raffinering av gull , og også av kobber. Den viktigste bruk av tellur er som tilsetning til slike metaller som kobber og rustfritt stål for å lage en legering som er lettere å maskinen enn det opprinnelige metall.

IODINE

Atomnummer : 53

Kjemisk symbol : Jeg

Gruppe VIIa halogener

Jod er en fiolett svart fast stoff som finnes i tang og tare, brine brønner og i havet . Selv om en gift, en av dens vanligste anvendelser er som et antiseptisk løsning anstrøk av jod . Jodsalter legges til bordsalt og dyrefôr . Dette gjøres som jod er en viktig bestanddel av hormonet tyroksin utskilles av skjoldbruskkjertelen og bidrar til at kjertelen fungerer som den skal . Sølvjodid har evnen til å danne enormt antall av krystaller , så mange som millioner kroner fra en gram- som virker som kjerner for dannelsen regndråpe .

XENON

Atomnummer ; 54

Kjemisk symbol : Xe

Gruppe VIII A edelgassene

Xenon finnes i atmosfæren på bare spormengder . I likhet med de andre edelgassene den eksisterer som en monoatomic molekyl som ikke har farge lukt eller smak . I 1962 , Neil Bartlett den engelske kjemikeren gjorde den første edelgass sammensatte. Han kombin xenon og platina heksafluorid , og mye av sin store forbauselse erholdt et fast, gul-oransje forbindelsen som besto av molekyler av xenon, platinim og fluor . Hittil xenon og krypton er de eneste edelgasser er kjent for å danne forbindelser. I likhet med andre edelgasser , er xenon som brukes i elektriske utladningsrør å produsere lys .

Cesium

Atomnummer : 55

Kjemisk symbol : Cs

Gruppe IA alkalimetaller

Pure cesium er den mykeste metall kjent . Sin ekstreme reaktivitet har gjort det nyttig i å fjerne uønskede gasser fra vakuumsystemer for eksempel inne i en TV tube . Isotopen cesium -133 tjener som verdens offisielle mål på tiden . Den andre er målt i strålingen fra cesium 133 atomet når det blir opphisset av en ekstern energikilde i stedet for i form av jordens rotasjon rundt sola som det pleide å være . Den andre er beskrevet som den medgåtte tiden av nøyaktig 9192531770 vibrasjoner av strålingen fra caesuim - 133 atom .

BARIUM

Atomnummer : 56

Kjemisk symbol : Ba

Gruppe IIA jordalkalimetaller

I form av vannløselige salter , er barium ganske giftig . På den annen side i uløselige former er det ufarlig for menneskekroppen . Radiologists bruker bariumsulfat til å undersøke en pasients fordøyelseskanalen med Xrays.Barium sulfat har også en rekke andre anvendelser basert på den lave oppløselighet i vann og hvit farge. Den brukes som et fløtepulver på fotografiske plater og som fyllstoff i skrivepapir , plast og kunstige fibre. Barium metall har noen kommersiell anvendelse på grunn av sin beredskap til å reagere med oksygen og fuktighet .

lantan

Atomnummer : 57

Kjemisk symbol : La

Gruppe III B Rare Earth Element (Lantanoider)

Lantan er den første av de sjeldne jordelement-serien. Det er vanlig å finne mange sjeldne elementer blandet sammen i et enkelt mineral. Sannsynligvis den viktigste bruken av lantanideforbindelser er i fabrikasjon av elektroder for høy intensitet karbon arc lamper brukes i søkelys, studiobelysning og filmfremvisere. Lantan og dets isotoper er funnet i fragmenter som produseres når uran fissions . Det var oppdagelsen av lantan isotoper samt de av barium av den tyske kjemikeren Otto Hahn som til slutt fører til ideen om kjernefysisk fisjon .

cerium

Atomnummer : 58

Kjemisk symbol : Ce

Gruppe III B Rare Earth Elements (Lantanoider)

Cerium ble oppkalt etter asteroiden Ceres hvis oppdagelse i 1801 vakte stor begeistring i den vitenskapelige verden . Den rene metallisk form av cerium var ikke forberedt før 1875 . Det er en jern grått metall som er ganske formbare og formbart. Cerium -forbindelser som de av lantan benyttes kommersielt for å danne elektroder av den høye intensitet karbon buelamper . Som et oksyd cerium anvendes som tilsetning til veggene i selvrensende ovner hvor det virker til å forhindre oppbygging av kjøkkenavfall .

praseodymium

Atomnummer : 59

Kjemisk symbol : Pr

Gruppe III B Rare Earth Elements (Lantanoider)

Den ble oppdaget av Carl Auer von Welsbach , en østerriksk baron som hadde en interesse i mineralogi . Det rene metall er isolert fra dets malm ved ionebytte teknikk. En utvekslingsprosessbenyttes for å isolere en type ion ved å erstatte den med en annen . I en slik prosess den aktive bestanddel er en harpiks som består av store molekyler som har en nett-lignende struktur. Harpiksen inneholder mobile ioner løst koblet til nettet . Når en oppløsning inneholdende de andre ioner er gått gjennom harpiksen , erstatte de mobile ioner som deretter diffunderer ut av garnet .

neodym

Atomnummer : 60

Kjemisk symbol : Nd

Gruppe III A Rare Earth Elements (Lantanoider)

Det er et magnetisk stoff som brukes til å lage noen av de mest kraftige magnetene i verden . De supermagnets er kjent som NIB magneter som de inneholder jern og boron også.De er så sterk at to små magneter med trykk på begge sider av en hånd uten å falle . En Nd magnet med bare halvparten tommers diameter er sterk nok til å svare på magnetiske materialer i trykksverte som brukes i papirpenger , og kan brukes til å oppdage falske . Det er også brukt i rose farget glass !

Promethium

Atomnummer : 61

Kjemisk symbol : Pm

Gruppe III B Rare Earth Elements (Lantanoider)

Ingen spor av promethium har blitt funnet på jordskorpen , men det har blitt identifisert i spekteret av flere stjerner i Andromedagalaksen . Det er et syntetisk sjelden element gjort i de kjernefysiske akseleratorer og kjernefysiske reaktorer . Når neodym er utsatt for den intense nøytronstråling til stede i en reaktor , blir den omdannet til promethium . 28 isotoper av elementet har hittil blitt syntetisert alle å være radioaktive. Svært lite er kjent om de kjemiske og fysiske egenskaper av ren promethium .

samarium

Atomnummer : 62

Kjemisk symbol ; Sm

Gruppe III B Rare Earth Element (Lantanoider)

De viktigste malmer av samarium er bastnasite og monazitt . Monazitt malm ofte inneholder så mye
som 50 % av deres vekter i sjeldne jordarter er funnet i elvesandeni India og Brasil, og i Florida beach
sand.In sin rene form samarium har en sølv-hvit glans og er ganske motstandsdyktig mot oksidasjon .
Metallet vil imidlertid antennes spontant ved lave temperaturer. Noen av forbindelsene ifølge denne
elementet blir brukt til å fremstille permanente magneter. Samarium -oksyd er et utmerket absorber av
infra - rød stråling og tilsettes for dette formål av ulike typer glass , og infrarød følsom fosfor.

europium

Atomnummer : 63

Kjemisk symbol ; Eu

Gruppe III B Rare Earth Element (Lantanoider)

Europium er en av de sjeldneste av de sjeldne jordmetaller . I 1901 franske kjemikeren Eugene - Anatole
Demarcay endelig isolert en urenhet i en samarium - gadolinium prøven han studerte og identifisert den
urenhet som et nytt element . Pure europium er ganske myk og sølvhvite . Det er ganske duktilt og en av
de mest reaktive av de sjeldne jordmetaller . Europium oksid er ganske mye brukt som tilsetning for å
forbedre effektiviteten av rød fosfor i TV- og dataskjermer . Det er også brukt for å øke
energieffektiviteten i lysstoffrør.

gadolinium

Atomnummer : 64

Kjemisk symbol : Gd

Gruppe IIIA Rare Earth Element (Lantanoider)

To isotoper av gadolinium er blant de mest potente dempere av nøytroner . Selv om deres knapphet grenser bruke , de er brukt i å lage kontrollstaver for kjernekraftreaktorer. Det er ferromagnetisk betyr at det er veldig sterkt tiltrukket av magneter . Men dets Curie- punktet, er den temperatur ved hvilken magnetisk materiale mister sin magnetisme omtrent romtemperatur. Det har blitt bevist av verdi i en teknikk sondering det indre av metaller kalles nøytronradiografi . Den brukes i skipsbygging flyselskapet og næringer for å søke etter skjulte feil og strukturelle svakheter i skrog og fuselages .

Terbium

Atomnummer : 65

Kjemisk symbol : Tb

Gruppe III B Rare Earth Element (Lantanoider)

I en ren metallisk form , er terbium en sølvhvit, formbare , seigt og myk nok til å bli kuttet med en kniv . Det bærer en likhet til å lede , men det er mye tyngre . Som bly er det forholdsvis motstandsdyktige mot korrosjon. Forbindelser av terbium har , opprettet bruker i spesielle lasere og som fosfor som produserer den grønne fargen i tv- rør og dataskjermer . Andre bruksområder er produksjon av legeringer med spesielle magnetiske egenskaper til bruk i kompakte plater og i fabrikasjon av HD røntgen skjermer .

Diprosium

Atomnummer : 66

Kjemisk symbol : Dy

Gruppe III B Rare Earth Element (Lantanoider)

Diprosium rangerer niende i overflod blant de sjeldne jordmetaller i jordskorpen . Det ble oppdaget i 1886 av den franske kjemikeren Paul - Emile Lecoq de Boisbaudran i en prøve av erbiumoksid . Han

baserte sitt navn på det greske ordet dysprositos som betyr vanskelig å få på . Pure dysprosium var ikke tilgjengelig før 1950 da moderne kjemiske teknikker som ionebytte- separasjons ble utviklet .
Dysprosium ligner de fleste av de andre sjeldne jordmetaller . Det er mykt nok til å bli kuttet med en kniv , har en skinnende sølvfarge og er relativt stabil i luften .

Holmium

Atomnummer : 67

Kjemisk symbol : Ho

Gruppe III B Rare Earth Element (Lantanoider)

I 1878 , to sveitsiske forskere lagt merke Holmium karakteristiske spektrallinjer men kunne ikke identifisere dem . De kalte det ukjente kilden til spektrallinjer element X. Snart etterpå i 1879 svenske kjemikeren Per Teodor Cleve isolert og identifisert elementet mens du arbeider med et mineral som heter erbia . Pure metallic Holmium som ikke var tilgjengelig inntil ganske nylig har en lys sølvaktig farge . Det er ganske korrosjonsbestandig i tørr luft , men oksiderer raskt i fuktig luft danner en gulaktig oksid . Annet enn dens bruk som en farge for glass , har det noen kommersielle programmer .

ERBIUM

Atomnummer : 68

Kjemisk symbol : Er

Gruppe III B Rare Earth Element

Erbium ble oppdaget av Carl Gustaf Mosander i en gul oksid som han isolert fra mineral yttriumoksyd . Mosander oppkalt elementet for den svenske landsbyen Ytterby åsted for store konsentrasjoner av yttriumoksyd og Erbium . De viktigste kildene til Erbium er mineralene xenotime og euxerite . Erbium samt andre sjeldne jordartselementerer faktisk en urenhet i disse malmer . De kommersielle anvendelser av Erbium er heller begrenset . Dens oksider er ofte lagt til glass og emalje glasurer å farge dem rosa . Glasset er ofte brukt for solbriller og billige smykker .

thulium

Atomnummer : 69

Kjemisk symbol : Tm

Gruppe IIIB Rare Earth Element (Lantanoider)

Thulium er en sjelden jord element som er svært knappe. Det forekommer i svært små mengder i selskap med andre sjeldne jordarter . Den svenske kjemikeren Per Teodor Cleve oppdaget element i 1879 og kalte den for Thule , det gamle navnet for Skandinavia . Den viktigste kilden til thulium er mineralet monazitt som består av omtrent syv tusendeler av 1% thulium . Det har få kommersielle programmer bortsett fra å bli brukt i lasere . Det er kostbart , men meget lite av metall er tilgjengelig for eksperimentering.

ytterbium

Atomnummer : 70

Kjemisk symbol : Yb

Gruppe III B Rare Earth Element (Lantanoider)

Ytterbium , er den første sjeldne element for å bli oppdaget funnet i beskjedne overflod i jordskorpen , og alltid i selskap av sjeldne jordarter . Den ble oppdaget av den franske kjemikeren Jean de Marignac i 1878 som en del av mineral kjent som erbia og oppkalt etter den svenske landsbyen Ytterby på grunnlag av sin høye konsentrasjoner av Erbium . Pure ytterbium metall var ikke tilgjengelig for studier frem til 1953 . Dens kommersielle programmer er som legeringsmiddelmed rustfritt stål . Visse legeringer har også vært brukt i tannpleien .

lutetium

Atomnummer : 71

Kjemisk symbol : Lu

Gruppe III B Rare Earth Element (Lantanoider)

Selv om han aldri formelt publiserte sine resultater , er amerikanske kjemikeren Charles James nå ansett for å ha oppdaget lutetium i 1907 . Arbeide i løpet av tidlig 1900-tallet ved University of New Hampshire , ble James en stor styrke i produksjon av sjeldne jordmetaller . Han og hans studenter ville prosessere tonn malm og arbeidskraft gjennom krystallisasjoner for å produsere en enkelt prøve . Pure lutetium metallet er vanskelig og kostbart å forberede. Det er den hardeste og tyngste sjeldent jordelement . Ingen kommersielle programmer har blitt utviklet .

hafnium

Atomnummer : 72

Kjemisk symbol : Hf

Gruppe IV B Transition Element

Hafnium egenskaper så vel som dens historie er nært knyttet til zirkonium . Mange hadde spådd at det finnes element 72 , men den stedsnærvær av dens kjemiske tvilling forstyrret sin identifikasjon . Den viktigste bruk av hafnium er basert på en av sine få forskjeller fra zirkonium. Dens evne til å absorbere termiske nøytroner er det et nyttig materiale for reaktoren kontrollstaver . De viktigste fordelene med hafnium i forhold til andre stangmaterialeer dets styrke og motstand mot korrosjon. Dessverre er det i en ganske stor reaktor kostnaden av hafnium stenger kan være $ 1 million eller mer .

TANTALUM

Atomnummer : 73

Kjemisk symbol : Ta

Gruppe VB Transition Element

Tantal er en ekstremt vanskelig og veldig heavy metal . Den kjemiske treghet gjør tantal svært motstandsdyktig mot angrep fra stoffer i kroppen . Dette har ført til en rekke anvendelser innen dental og medisinsk kirurgi. Tantal som legeringsmiddelbidrar til korrosjon, duktilitet , hardhet og høyt smeltepunkt til en rekke andre metaller. Enda en stor bruk av tantal er i bygging av små men kraftige elektrolyttkondensatorer. Disse kondensatorer er spesielt nyttig i miniatyriserte elektroniske kretser som ligger i hjertet av slike enheter som mobiltelefoner og datamaskiner .

TUNGSTEN

Atomnummer : 74

Kjemisk symbol : W

Gruppe VIB Transition Element

En av de viktigste anvendelser av wolfram er ved fremstilling av filamenter for felles lyspære. Tungsten har det høyeste smeltepunktet -3410 grader C og høyeste kokepunkt 5900 ° C - av noe metall . De høye temperaturer av wolfram spenner fra varmeelementer i elektriske varmeovner til dysene på rakettmotorer for romfartøy . Strøm som flyter gjennom en kveilet ledning av wolfram produserer tilstrekkelig varme til å gjøre ledningen hvitt varmt. For å hindre metallet fra overoppheting inerte gasser slik som nitrogen og argon er omsluttet av pæren som inneholder et wolframfilament .

rhenium

Atomnummer : 75

Kjemisk symbol : Re

Gruppe VIIB Transition Element

Rhenium en av de sjeldneste av elementene ble oppdaget i platina malmer av tyske kjemikere Ida Tacke , Walter Nodack og Otto Carl Berg i 1925 . Det er en meget tett metall med en sølvgrå glans og et smeltepunkt overskrides bare av wolfram og karbon. Dette er grunnlaget for rhenium bruk i kombinasjon med wolfram til å gjøre termoelementer for måling av temperaturer så høye som 2000 ° C.

Rhenium brukes hovedsakelig som legeringsmiddelfor fremstilling av metaller som er motstandsdyktige mot slitasje , for eksempel de som er nødvendige for elektriske bryterkontakter og elektroder .

osmium

Atomnummer : 76

Kjemisk symbol : Os

Gruppe VIIIB Transition Element

Fordi det rene metallet er vanskelig å gjøre , blir osmium ofte fremstilt som et pulver som deretter dannes til faste masse ved oppvarming. Pulveret oksyderer i luft , og blir langsomt avgis som en sterk lukt giftig gass i stand til å forårsake lunge -og hudskader. Utslipp av giftig dens oksyd gass gjør bruken av osmium metall upraktisk. Som legeringstilsetningsmiddel, men det er helt sikkert og brukes hovedsakelig til å gjøre harde legeringer med slike metaller som platina og iridium . Disse legeringer brukes for elektrisk koblingskontakter , grammofon nåler og fyllepenn tips .

IRIDIUM

Atomnummer : 77

Kjemisk symbol : Ir

Gruppe VIII B Transition Element

Iridium er et sprøtt gulaktig hvit edelt metall . Det er generelt funnet i malmer inneholdende platina eller nikkel. Utskilling av den fra disse malmer er en arbeidskrevende og kostbar oppgave som bare kan rettferdiggjøres ved den samtidige utvinning av platina og nikkel. Den viktigste anvendelse av iridium er som tilsetning til platina lage legeringer som øker hardheten av det sistnevnte metall. Iridium motstand mot korrosjon er det også nyttig ved fremstilling av gjenstander som krever absolutt renhet slik som sprøyter og rakettmotorer.

PLATINUM

Atomnummer : 78

Kjemisk symbol : Pt

Gruppe VIII B Transition Element (Precious Metal)

Mange bruksområder for platina dra nytte av sin kjemiske stabilitet og treghet . Den brukes i oljeraffinering , odontologi , keramisk industri , elektro-og elektronikkindustrien , og er høyt verdsatt i lage smykker . Platinum er også nyttig for bilindustrien . Det hjelper kjemiske reaksjoner som rydde opp eksos kommer fra motorene på biler , konvertering av karbonmonoksyd og uforbrente brensel til vann og karbondioksid . I tillegg en bar av iridium - platina legering fungerer som verdens standard for kilo, den grunnleggende enheten for masse i det metriske systemet .

GOLD

Atomnummer : 79

Kjemisk symbol : Au

Gruppe IB Transition Element (Precious Metal)

Gull omsettes i råvarebørserog svingningene i prisen regnes som en indeks for helsen til økonomien . Det er mest duktil og smidig av alle metaller . Fordi det også er en av de ikke-reaktive , kan den opprettholde sin brilliant glans. I naturen gull er vanligvis funnet som et rent metall , ofte som nuggets eller flak . Dens renhet måles som karat. Rent gull er sagt å være 24 - karat gull . Fordi det er veldig myk , men er mest gull smykker laget av 18 karat gull .

MERCURY

Atomnummer : 80

Kjemisk symbol : Hg

Gruppe II B Transition Element

Kvikksølv er det eneste metall som er flytende ved romtemperatur og forblir en væske over et meget bredt og praktisk område av temperaturer . Noen vanlige husholdningsprodukter som inneholder kvikksølv er termometre, barometre , termostater, tause vegg brytere og lysstoffrør . Industrielle anvendelser av kvikksølv inkluderer diffusjon pumper og kvikksølvdamp lamper som genererer de blåaktig hvitt lys fra gatebelysning . En annen nyttig egenskap ved kvikksølv er dens evne til å oppløse andre metaller for å danne legeringer kjent som amalgam . Tannleger bruker ofte sølv - kvikksølv amalgam å fylle tenner .

thallium

Atomnummer : 81

Kjemisk symbol : Tl

Gruppe III A Post - Transition Metal

En vanlig kilde til thallium er sink og bly raffinering. Denne formbare og heavy metal er ganske aktiv og sakte korroderer i luften . Thallium og dets forbindelser er ekstremt giftig , og det er bevis for at det kan indusere kreft . Selv kontakt med huden kan være farlig selv i meget lave konsentrasjoner thallium har vært brukt i behandling av ringormer . Thallium sulfat er en luktfri og smakløs giften som tidligere ble brukt til å drepe rotter og insekter , men det har nå blitt forbudt i flere land .

LEAD

Atomnummer : 82

Kjemisk symbol : Pb

Gruppe IV A

Bly er et svært formbart metall som lett kan arbeidet med å lage redskaper av alle slag . Bly mynter og skulptur har blitt funnet i egyptiske graver dateres tilbake til 5000 f.Kr. . Det er i stor grad brukt til å lage elektroder av bly akkumulatorer . Bly er også en viktig komponent av loddemetall som brukes for å lage elektriske forbindelser på kretskortene i datamaskiner og fjernsynsapparater. Glass skjermer på TVapparater inneholde bly for å skjerme betrakteren fra stråling . Faktisk hver TV-apparatet inneholder nesten en halv kilo bly .

Bismuth

Atomnummer : 83

Kjemisk symbol : Bi

Gruppe VA Post overgangsmetall

Vismut er et hvitt, sprøtt metall som har en svak gulaktig skjær . Forbindelsen vismut subnitrat har blitt brukt som et antacid i behandling av magesår. Vismut -oksyd er en populær gult pigment som brukes i kosmetikk. Som vann vismut er en av de få stoffer som utvider seg når det skifter fra flytende til fast . Denne eiendommen blir brukt til å lage legeringer som volumet forblir konstant når de stivner . Metaller legert med vismut kan brukes for kast og støpeformer som beholder sine nøyaktige dimensjoner , selv når de er fylt med smeltet metall .

polonium

Atomnummer : 84

Kjemisk symbol : Po

Gruppe VI A Metalloid

Oppdagelsen av polonium av Marie og Pierre Curie i 1898 definerer en av de store øyeblikkene i vitenskapens historie som fører til det moderne begrepet atomkjernen og en forståelse av sin struktur . Polonium har 27 kjente isotoper og alle av dem er radioaktive. Den lettest tilgjengelige er polonium 210 , en sølv metalloid som er ganske flyktige og 100.000 ganger mer giftig enn cyanid. I radiologiske laboratorier isotopen blandet med pulverisert beryllium er ofte brukt til å produsere store mengder nøytroner uten bruk av atomreaktor .

Astat

Atomnummer : 85

Kjemisk symbol : At

Gruppe VII En halogener

Små mengder Astat finnes naturlig som forfallet produkter av uran og thorium . Astat ble først produsert i 1940 av et team av radiochemists ved å bombardere vismut med alfapartikler . Bare om lag en milliondel av et gram Astat faktisk har blitt produsert kunstig , og det er derfor ikke overraskende at lite er kjent om dens egenskaper . Dens kjemi bør være ganske lik som jod selv om det er noen bevis for at det kan være litt mer metallisk .

RADON

Atomnummer : 86

Kjemisk symbol : Rn

Gruppe VIII A edelgassene

Radon er produsert som et av de ved produkter av den radioaktive nedbrytning av uran og thorium . Radon - 222 , er den lengste varig isotopen finnes i betydelige konsentrasjoner sa gass i jord fordi spormengder av uran er til stede i jordskorpen . Mens det er voksende , er tobakk lagt forurensning av radon fra jord og uran rike fosfatgjødselbrukes av plantasjeeiere . Når tobakk i en sigarett er brent , fag inhalert røyk røyker til nivåer av stråling 1000 ganger høyere enn de som er oppstått av en arbeidstaker i et kjernekraftverk .

Francium

Atomnummer : 87

Kjemisk symbol : Fr

Gruppe I- A alkalimetaller

Francium er den tyngste av de alkali-metaller , og et av de mest ustabile kjent . Alle sine isotoper er radioaktive , men selv den lengste varig isotop francium - 223 har en halveringstid på bare 21 minutter . Av sine 30 kjente isotoper , eksisterer bare francium 223 i naturen . Alle de andre isotoper av francium blir fremstilt kunstig i akseleratorer og kjernereaktorer , og er for ustabile til å bli studert i en hvilken som helst dybde. Elementet ble oppdaget i 1939 av Marguerite Perey arbeider ved Curie -instituttet i Paris . Den er oppkalt etter landet der den ble oppdaget .

RADIUM

Atomnummer : 88

Kjemisk symbol : Ra

Gruppe II A- jordalkalimetaller

Radium ble oppdaget av Marie og Pierre Curie i 1898 . For oppdagelsen av radium og polonium , ble Marie Curie fikk Nobelprisen i kjemi . Det var hennes andre , hun hadde delt den første med sin mann og Henri Becquerel i 1903 for oppdagelsen av radioaktivitet .

Pure radium metal har en strålende hvit farge og er så selvlysende at det lyser i mørket gir av en svak blå farge . Radium brukes i mange medisinske innretninger for å generere den radioaktive gassen radon som brukes for behandling av kreft .

actinium

Atomnummer : 89

Kjemisk symbol : Ac

Gruppe III B Transition Element (aktinidene)

Actinium er et radioaktivt grunnstoff som produseres naturlig av radioaktiv nedbrytning av den lenge levd elementer radium og thorium . Meget små mengder av det er blitt fremstilt kunstig , og den har en meget begrenset kommersiell anvendelse . Dens kjemiske egenskaper ligner de av lantan . Også som lantan , er det den første i en serie av elementer kalles aktinidene som er analog til lanthanider . I likhet med de sjeldne jordarter , er disse elementene legge elektroner til en indre banes skall og følgelig har lignende fysiske og kjemiske egenskaper .

THORIUM

Atomnummer : 90

Kjemisk symbol : Th

Gruppe IIIB Transition Element (aktinidene)

Thorium er et radioaktivt sølvhvitt metall som oksiderer svært sakte når de utsettes for luft. Monazitt sand noen som er funnet i Florida strender kan inneholde opptil 10 % thorium . Til tross for sin radioaktivitet , thorium og dets forbindelser har flere kommersielle programmer . Det fungerer som en effektiv emitter av elektroner for elektroniske enheter . Den strålende lys som sin oksid avgir mens brenning gjør det også nyttig i fabrikere enkelte bærbare gasslykter. Thorium 232 , en isotop med en halveringstid på 14 milliarder år viser store løftet om å bli en kilde til kjernefysisk energi i fremtiden .

protactinium

Atomnummer : 91

Kjemisk symbol : Pa

Gruppe III B Transition Element (aktinidene)

Det er en av de knapp og dyreste av alle de naturlig eksisterende elementer . Bare noen få hundre gram er tilgjengelig for studien. Denne magre beløpet ble i stor grad produsert i England noen 30 år siden hvor det ble hentet fra 60 tonn malm til en kostnad på en halv million dollar . Ikke mye er kjent om dens fysiske og kjemiske egenskaper . Det er et sølv hvitt metall med en lys glans at det mister veldig sakte i luft gjennom oksidasjon . Det er også kjent for å være meget giftig .

URAN

Atomnummer : 92

Kjemisk symbol : U

Gruppe III B Transition Element (aktinidene)

Uran er den siste og den tyngste av de naturlig forekommende elementer. Oppdaget i 1841 , det var den første radioaktivt grunnstoff som skal identifiseres . På slutten av 1930-tallet gjennom eksperimenter med uran tyske forskere Lise Meitner og Otto Hahn observert en prosess som senere ble anerkjent for å være et kjernefysisk fisjon . Muligheten av nøytroner frigjøres under fisjon av uran kjernen til seg splitte andre uran kjerner ble raskt utnyttet av forskere for å skape en selvdrevet kjedereaksjon . Når kontrollert , produserer denne reaksjonen den energien vi får fra atomreaktorer. Når ukontrollert det kan skape en atomeksplosjon.

neptunium

Atomnummer : 93

Kjemisk symbol : Np

Gruppe III B Transition Element (aktinidene)

Neptunium var den første kunstig produsert Transuran element . Arbeider ved syklotronen ved University of California i Berkeley i 1940 , amerikanske fysikere Edwin McMillan og Philip Abelson produsert neptunium ved å bombardere uran med nøytroner . Det er nå kjent at spormengder av neptunium d faktisk finnes i naturen som følge av handlingene til nøytroner i uran element . Foreløpig 18 isotoper av neptunium har blitt produsert dem alle radioactive.The viktigste og den første til å bli produsert var neptunium 237 med en halveringstid på 2,1 millioner år .

PLUTONIUM

Atomnummer : 94

Kjemisk symbol : Pu

Gruppe III B Transition Element (aktinidene)

Plutonium har 15 kjente isotoper alle av dem radioaktive. Plutonium 239 er den viktigste, fordi det lett fissions når bombardert av termiske nøytroner . Som uran 235 , kjerner av sine atomer delt i to mellomstorekjerner (kalt fisjonsfragmenter) frigjør store mengder energi , og å produsere flere nøytroner for å opprettholde en kjedereaksjon. Blandet med pulverisert beryllium , er det en effektiv kilde til nøytroner for vitenskapelig arbeid . Plutonium kan produseres i store mengder i atomreaktorer . Sin overflod har gjort det til et førstevalg for atomvåpen .

americium

Atomnummer : 95

Kjemisk symbol : Am

Gruppe III B Transition Element (aktinidene)

Det ble oppdaget i 1944 av et team av kjemikere under ledelse av Glenn Seaborg.His teamet produsert americium - 241 , en av de 14 kjente isotoper som alle er radioaktive. Americium 241 er laget i store mengder i kjernereaktorer . De intense gammastråler den avgir gjør det svært nyttig som en bærbar kilde til røntgen . Det er også brukt i røykvarslere .

Curium

Atomnummer : 96

Kjemisk symbol : Cm

Gruppe III B Transition Element (aktinidene)

Curium er et sølvhvitt metall som er svært reaktivt . Den første av sine 14 kjente isotoper å bli oppdaget var curium 242 . Curium 242 og curium 244 har blitt brukt som energikilder i avsidesliggende områder .

Strålingen disse isotopene avgir kan bli omdannet til varme og deretter til elektrisitet ved termoelektriske enheter. Selv om den har en relativt kort halveringstid, er uteffekt på curium 242 imponerende dvs. ca 02:58 watt per gram . Disse kompakte enhetene er nyttige for pacemakere , fjernnavigasjonsbøyerog romferder .

Berkelium

Atomnummer ; 97

Kjemisk symbol : Bk

Gruppe III B Transition Element (aktinidene)

Det ble oppdaget ved UC Berkeley i 1949 av et team bestående av George Seaborg , Stanley Thompson og Albert Ghiorso og ble oppkalt etter byen . De syntetisert det ved hjelp av en syklotron å bombardere en prøve av americium 241 med alfapartikler . Bruke berkelium 249 , det var mulig i 1962 å produsere tre milliarddel av et gram av berkelium klorid . Ingen kommersielle eller vitenskapelige programmer har ennå ikke blitt utviklet .

californium

Atomnummer ; 98

Kjemisk symbol : Cf

Gruppe III B Transition Element (aktinidene)

Den ble oppdaget av et team av kjemikere ved hjelp av en syklotron å bombardere curium 242 med alfapartikler . Isotopen californium 252 oppkalt etter den amerikanske delstaten California spontant avgir nøytroner . Nøytronkilder er tidvis vanskelig å komme med . Enten en atomreaktor er nødvendig eller noen høyradioaktivt emitter av alfapartikler som plutonium må blandes med beryllium pulver . Oppdagelsen av en ekstremt portabel nøytronkilde antyder mange mulige bruksområder for californium 252.It kan enkelt tas inn i feltene for analyse av oljebærendelag av jord eller for utvinning av gull og sølv .

Einsteinium

Atomnummer : 99

Kjemisk symbol : Es

Gruppe III B Transition Element (aktinidene)

Albert Ghiorso og hans medarbeidere oppdaget dette elementet i 1952 mens han etterforsker rester av hydrogenbombeeksplosjoni Pacific.16 isotoper er kjent , den mest stabile vesen Einsteinium 254 med en halveringstid på 252 dager . De fleste av disse isotopene har blitt produsert i High Flux Isotop Reactor ved Oak Ridge National Laboratory i Tennessee ved å bestråle plutonium 239 med intense bjelker av nøytroner .

fermium

Atomnummer : 100

Kjemisk symbol : Fm

Gruppe III B Transition Element (aktinidene)

Som Einsteinium , ble Fermium identifisert i 1952 av Ghiorso og medarbeidere i vrakrestene av hydrogenbombeeksplosjoni Stillehavet . Isotoper av fermium oppkalt etter Enrico Fermi er vanligvis syntetisert ved å utsette elementer som uran og plutonium til intens nøytron bombardement . I en nøytron- rikt miljø , kan et element som for eksempel uran gjennomgår suksessive nøytroninnfanging ofte absorbere så mange som 16 til 17 nøytroner for å produsere tunge Transuran elementene.

MENDELEVIUM

Atomnummer : 101

Kjemisk symbol : Md

Gruppe III B Transition Element (aktinidene)

Den niende kunstig Transuran element oppkalt etter Dmitri Mendelejev ble oppdaget i 1955 av en gruppe forskere i henhold Albert Ghiorso . Fortsetter jakten på stadig tyngre grunnstoffer teamet brukte syklotronen på Berkeley å bombardere Einsteinium 253 med alfapartikler (heliumkjerner) og til slutt fabrikkert mendelevium 256 . De små mengder gjort sitt identifikasjons svært vanskelig . Det er ofte at dette elementet ble syntetisert ett atom av gangen. Kun spormengder av mendelevium isotoper har blitt gjort og lite er kjent om deres kjemi .

Nobelium

Atomnummer : 102

Kjemisk symbol : Nei

Gruppe III B Transition Element (aktinidene)

For å lage Nobelium 254 , Ghiorso og hans kolleger bombardert en prøve av curium 246 med karbon 12 ioner ved hjelp av Heavy Ion Linear Accelerator . 11 isotoper har hittil blitt syntetisert og alle er radioaktive. Nobelium 259 er den lengste levd med en halveringstid på 57 minutter . Navngitt for Alfred Nobel , har det vært produsert i mengder som er store nok til å tillate undersøkelse av dets kjemiske og fysiske egenskaper .

Lawrencium

Atomnummer : 103

Kjemisk symbol : Lr

Gruppe III B (aktinidene)

Fortsetter sin forbløffende rekke funn , Berkeley forskere syntetisert og isolert Lawrencium i 1961 ved å bombardere en blanding av tre isotoper av californium med boron 10 og bor 11 ioner ved hjelp Heavy Ion Linear Accelerator . Målet veide bare noen få milliondel av et gram ennå teamet klarte å produsere Lawrencium 258 med en halveringstid på 4 sekunder . Den ble oppkalt etter Ernest O.Lawrence , oppfinneren av syklotronen .

rutherfordium

Atomnummer : 104

Kjemisk symbol : Rf

Gruppe IV B A Transactinide

En historie med konkurrerende krav forvirret navngiving av element 104 . Teamet fra Berkeley , samt en gruppe fra Russland hevdet kreditt for element 104 . Den amerikanske kravet vant dagen . Den er oppkalt etter den newzealandske Ernest Rutherford !

dubnium

Atomnummer : 105

Kjemisk symbol : Db

Gruppe VB A Transactinide .

Omtvistede krav av sin oppdagelse har plaget element 105 . I 1970 Ghiorso og hans team ved Berkeley bombardert californium 249 med tung nitrogen 15 ioner og positivt identifisert element som de oppkalt etter Otto Hahn og fått tilslutning fra American Chemical Society . Men i 1997 IUPAC besluttet t endre navnet til Dubnium . Dens kjemiske og fysiske egenskaper er ukjent .

Seaborgium

Atomnummer : 106

Kjemisk symbol : Sg

Gruppe VI B A Transactinide

I likhet med de andre to omstridte elementer , kravet om oppdagelsen av element 106 sammen med retten til å nevne det var en gjenstand for tvist . I 1974 , et russisk lag erklærte at de hadde produsert unnilhexium . Fordi eksperimenter unnlatt å bekrefte deres resultat , deres krav var i tvil . Omtrent samtidig , forskere ved Berkeley rapportert funn av unnilhexium 263 etter å bombardere californium 249 med oksygen 18 . I 1993 , forskere ved Lawrence Livermore og Berkeley Laboratories gjentok eksperimentet og bekreftet resultatet . Den ble oppkalt til ære for Glenn Seaborg .

bohrium

Atomnummer : 107

Kjemisk symbol : Bh

Gruppe VII B A Transactinide

I 1981 , ble etableringen av unnilseptium annonsert av fysikere som arbeider i Darmstadt , Tyskland på GSI . Teamet foreslo navnet nielsbohrium etter Neils Bohr . Deres forsknings påstandene ble bekreftet i 1992 av IUPAC . I 1997 endret de navnet til bohrium .

hassium

Atomnummer : 108

Kjemisk symbol : Hs

Gruppe VIII B A Transactinide

I 1984 et team ledet av Peter Ambruster og Gottfried Munzenberg kunngjorde oppdagelsen av unniloctium , element 108 . Dette var det samme teamet som hadde syntetisert bohrium . Navnet de foreslo var hassium etter haasia det latinske navnet på den tyske delstaten Hessen . I 1992 IUPAC bekreftet funnene og navnet . De kjemiske og fysiske egenskaper er ukjent .

meitnerium

Atomnummer : 109

Kjemisk symbol : Mt

Gruppe VIII B A Transactinide

I 1982 kunngjorde Darmstadt teamet oppdagelsen av element 109 ved å bombardere vismut 209 med høy energi jern 58 ioner . Utrolig som det kan virke kun tre atomer er laget , og de nedbrutt i løpet av 3,4 tusendels sekund . De foreslo å nevne det etter Lise Meitner som hadde knyttneve beskrevet fisjon sammen med Otto Hahn .

UNUNNILIUM

Atomnummer : 110

Kjemisk symbol ; Uun

Gruppe VIII B A Transactinide

Etter nesten 10 år internasjonale forskere arbeider ved GSI i Tyskland nå opprettet fire eller fem atomer av et nytt element 110 . Ved hjelp av en stor gasspedalen for å drive nikkelatomertil høye hastigheter de bombardert en tynn folie av bly med disse raskt bevegelige atomer av nikkel . Det nye elementet bryter raskt fra hverandre og henfaller til lettere atomer . Den ble oppdaget av de fire alfapartikler det avgir i løpet av sin forfallet prosessen .

UNUNUNIUM

Atomnummer : 111

Kjemisk symbol : Uuu

Gruppe IB A Transactinide

De kjemiske egenskaper av elementet 111 er ikke kjent. Da den ligger i samme kolonne som gull og sølv er antatt et metall . Etter akselerernikkelatomertil høye hastigheter Tyske forskere bombardert vismut med disse raskt bevegelige nikkelatomer. Identifiseringen av dette element er vesentlig som den støtter teorien om at det foreligger en "øy av stabilitet " for elementer i nærheten av elementet 114. . Elementet har en halveringstid ca 8 ganger større enn ununnilium .

UNUNBIIUM

Atomnummer : 112

Kjemisk symbol : Uub

Gruppe II B A Transactinide

Februar 9,1996 i Tyskland kunngjorde GSI etableringen av element 112 all kreditt til internasjonale team under Peter Ambruster . De hadde bombardert sinkatomersom hadde blitt akselerert til høye hastigheter med raske bevegelige kuler av bly . Under kollisjonen klarte en sinkatomtil å smelte sammen med ledelsen atom .

UNUNQUADIUM

Atomnummer : 114

Kjemisk symbol : Uuq

Gruppe IB A Transcatinide

I 1999 kunngjorde et team av forskere ved Joint Institute for Nuclear Research i Russland etableringen av en ny ultra - heavy metal . Teamet utnyttet en syklotron å bombardere plutonium 244 med en stråle av kalsium 48 kjerner . Etter noen 40 dager med bombardement , en calicium kjerne med 20 protoner smeltet sammen med plutonium kjerne med 94 protoner å produsere et element med 114 protoner . Selv ustabil den overlevde en relativt lang tid .

Beslutning om å finne naturens skjulte svar har ikke avtatt . Jakten gjenstår for den stadig fortsetter jakten på nye Superheavy elementer . Drivkraften bak dette arbeidet er søken etter kunnskap som vil sette i gang en rik nytt fagområde av de kjernefysiske og kjemiske egenskapene til elementene .

Det er også en mer utilitaristisk motivasjon for søk av elementene som utgjør øy av stabilitet . Mange forskere mener for eksempel at disse nye elementene vil danne uvanlige materialer med eksotiske egenskaper aldri før har sett. Svarene blir søkt i dette arbeidet er av fundamental betydning for vår forståelse av universet .

www.ingramcontent.com/pod-product-compliance
Lightning Source LLC
Chambersburg PA
CBHW070717180526
45167CB00004B/1508